# 與經典同遊

# 誠信與禮儀

魏 新◎主編　尚青雲簡◎繪圖

中華教育

責任編輯　楊紫東
裝幀設計　龐雅美
排　　版　龐雅美
印　　務　劉漢舉

與經典同遊
# 誠信與禮儀

**魏 新**◎主編　　**尚青雲簡**◎繪圖

**出版 / 中華教育**

香港北角英皇道 499 號北角工業大廈 1 樓 B 室
電話：(852) 2137 2338　傳真：(852) 2713 8202
電子郵件：info@chunghwabook.com.hk
網址：http://www.chunghwabook.com.hk

**發行 / 香港聯合書刊物流有限公司**

香港新界荃灣德士古道 220-248 號荃灣工業中心 16 樓
電話：(852) 2150 2100　傳真：(852) 2407 3062
電子郵件：info@suplogistics.com.hk

**印刷 / 美雅印刷製本有限公司**

香港觀塘榮業街 6 號海濱工業大廈 4 樓 A 室

**版次 / 2022 年 12 月第 1 版第 1 次印刷**
©2022 中華教育

**規格 / 16 開（230mm x 190mm）**
ISBN / 978-988-8808-58-8

# 序

　　有孩子之後，我越來越多地思考一個問題：怎樣才能讓孩子喜歡讀書？

　　這個問題背後，還牽扯到許多問題，很複雜，也很簡單。閱讀，原無太多條條框框，也不應有過於直接的目的。只是，啟發孩子讀書興趣，引導孩子讀書方向，需要更多的人一起努力。

　　許多人，包括我，這兩年開始嘗試為孩子們去寫作。在這個過程中，我發現，寫甚麼，怎麼寫，對我來說都是新的難題。

　　每個孩子的閱讀能力不同，就算是同一個年齡段，想像力和理解力也存在區別，興趣點和成人差異更大。所以，要寫一本讓孩子們喜歡，並且讀完之後有收穫的書，需要用更多的時間，下更大的功夫。

　　《與經典同遊》就經歷了一個漫長的過程。為了把中國傳統文化中的優秀價值觀通過豐富的形式展現出來，我們查閱了大量資料，按「誠信、明禮、守正、勤儉、愛國、勤奮」的條目，從諸多典籍中精選出來，在對古文做常規性介紹的同時，設置「大人物」「大典故」「小

啟示」「小拓展」等欄目，將古人的生平軼事，成語、詩詞，文史小知識等以現代的論壇、社交媒體平台、聊天記錄等形式組合在一起，避免了生硬的說教，增加了閱讀的趣味。

可以說，這既是一本書，也是一個劇本集，其中的「演員」有諸子百家，有歷朝名臣；有建功立業的武將，也有出口成章的詩人。他們在中國傳統文化的大舞台上演繹着風雲變幻、王朝更迭，而真正的主角則是書的讀者——孩子們。

我相信，這本書可以幫孩子們實現一場和古人的心靈對話，在這場對話中，完成自我的「文化穿越」。也許，中華傳統文化的魅力，從來就不是枯燥呆板、故弄玄虛，而一直是深入淺出、情趣盎然，我們僅僅是給它穿上了新時代的靚麗童裝，讓它從厚重典籍裏輕盈地走出來，露出天真爛漫的笑容，奔向鮮花盛開的未來。

魏新

2021 年 9 月 9 日於楊柳風學堂

# 目錄

第一篇

# 誠信

# 誠者，天之道也；
# 思誠者，人之道也

原文

孟子曰：「是故誠者<sup>①</sup>，天之道也；思<sup>②</sup>誠者，人之道也。至誠而不動<sup>③</sup>者，未之有也；不誠，未有能動者也。」

——《孟子·離婁上》

## 典 籍

《孟子》——儒家經典之一，戰國時孟子及其弟子萬章等著，也有說為孟子弟子、再傳弟子的記錄。書中記載了孟子及其弟子的政治、教育、哲學、倫理等思想觀點和政治活動，為研究孟子學說的主要材料。

## 注 釋

① 者：……的人。
② 思：追求，追尋。
③ 動：打動，感動，動容。

我是孟子的學生。

公孫丑
複姓公孫單名丑，戰國時期齊國人。
師從孟子習儒學，與師一起編《孟子》。
《公孫丑》篇多名言，死後追封壽光伯。

這段古文講述了以誠待人的道理，由此可衍生出一個成語：

赤誠相待

赤誠，非常真誠；極為真誠地對待別人。

　　真誠，是對人對事所持的實事求是的態度。對人對己做到真誠，事情才有可能做好。

小拓展：誠以待人辯論賽

**評　委：**
孟子、公孫丑

**正方選手：**
蘇軾、秦觀、范仲淹、王質（北宋官員）

**反方選手：**
晉惠公、晉大夫里克、呂布、董卓

誠以待人辯論賽

蘇軾

范仲淹

**正方觀點：誠以待人不可少。**

蘇　軾：我陷入烏台（御史台的別稱）詩案那次，政敵們鉚足了勁抹黑我，非說我寫詩諷刺朝政和大臣。眼看着皇帝在猶豫殺不殺我，身邊好多人躲得遠遠的。這時，秦觀竟然給自己寫好輓詞，表明豁出性命也要支持我！

秦　觀：我與蘇學士坦誠以對，肝膽相照，人生得一知己足矣！

范仲淹：我因主張改革惹怒了皇帝，被貶出京。我們那年代，犯個錯就要株連九族，敢靠近我的人幾乎沒有。我離開京城那天，王質拖着病體前來送我，感動……

王　質：范大人赤誠對朝廷，赤誠對百姓，我當然也報以赤誠之心！

董卓

**反方觀點：誠以待人無用處。**

董　卓：我認呂布小賊當義子，他竟然聯合王充那老傢伙，對我痛
　　　　下殺手！

呂　布：我反叛董卓投袁術，反叛袁術投袁紹，反叛袁紹想投曹操
　　　　呢，可恨曹阿瞞聽信劉備這大耳賊的挑撥，竟然把我殺
　　　　了！甚麼誠以待人，都是騙鬼的！

呂　布

晉惠公：確實，秦穆公幫我回到晉國，里克幫我登上王位。可是，
　　　　我要誠以待人，就必須把晉國土地割讓給秦國，還要留着
　　　　里克這傢伙，時刻擔心他會不會宰了我另立新君。

里　克：我贊同正方觀點。

晉惠公：里克！你竟敢臨陣投敵！

里　克：大王，董卓殘暴奸詐，呂布反覆無常，您自己忘恩負義，
　　　　最後都落入眾叛親離的境地。您三位回首往昔，還好意思
　　　　說誠以待人無用嗎？

晉惠公

晉惠公：……

呂　布：……

董　卓：……

里　克

公孫丑：我宣佈，正方勝！

孟　子：實踐證明，無論古今，誠以待人才是立身之道啊！

# 輕諾必寡信

原文

　　夫輕諾[1] 必寡信，多易必多難。是以[2] 聖人猶[3] 難之，故[4]
終無難矣。

——《老子·德經》

**典 籍**

《老子》——　也稱《道德經》《老子五千文》，是道家的主要經典。現一般認為編定於戰國中期，基本上保留了老子本人的主要思想。保存了許多古代天文、生產技術等方面的資料，還涉及軍事和養生等內容。

**注 釋**

① 諾：諾言。
② 是以：因此。
③ 猶：相似，如同。
④ 故：所以。

老子

姓李名耳單字耼，春秋楚國苦縣人，世代均為周史官，姬朝之亂歸故里。留下《老子》五千言，道家奉我為始祖。

我是道家創始人。

大典故

這段古文裏隱藏着一個成語：

輕諾寡信

諾，諾言；信，信用。意思是輕易許諾的人，一定很少遵守信用。

輕易許下的諾言，必然缺少信用而難以實現，把事情看得過於容易，做起來必定遭受很多困難。因此，我們應當總是把事情設想得比實際情況困難些，最終就沒有甚麼解決不了的困難。

## 小拓展：函谷關前話吃瓜

**深夜，函谷關。**

老子騎着青牛，悠然出現在函谷關。

尹　喜：先生您好狠心，給我留下五千字就出關走了，這一走就是兩千多年！

老　子：唔，我還是那個我，你還是那個你，牛還是那個牛，這個函谷關，倒不是當年那個函谷關嘍！

尹　喜：可不是嘛！因為您，函谷關修了太初宮、藏經樓、雞鳴台……這一年365天，來的人可多了，都來瞻仰您，還有您留下的道家文化！

老　子：圍觀？莫非……這就是傳說中的吃瓜羣眾？

尹　喜：呃……先生還挺時髦……

老　子：呵呵，提到吃瓜羣眾，倒讓我想起了春秋時期那位吃瓜國君——

周莊王九年（前688年），那時候可不太平！齊襄公野心忒大，聯合宋國、魯國、陳國和蔡國，一起把人家衛國滅掉了！滅都滅了，齊襄公還敢做不敢當，怕周天子討伐他，派了連稱、管至父兩人帶兵去葵丘鎮守邊境。這好好在京城當官，威風八面的，轉眼就被發到偏遠邊疆，放誰身上能樂意呀？

所以，人家提意見了：「大王，我們去倒是沒問題，但您得說準了，甚麼時候讓我們回來，我們好有個盼頭！」齊襄公這人也有意思，正吃瓜呢，隨口就定下了日子：「現在是瓜熟的時候，等到明年瓜再熟，你們就回來。」

話都說出了，君子言出如山，當國君的還講究個君無戲言，可齊襄公非要輕諾寡信——

轉過年來，瓜又熟了，按說該讓連稱和管至父回來，可齊襄公偏就不提這事！他忘了，人家可沒忘。兩位將軍派人送瓜來提醒齊襄公，要求回去，可齊襄公堅決不同意！

這下子，連稱和管至父怒了：你不守信用是吧？那別怪我們不仁義啦！正巧，公孫無知想造反，兩位將軍當即大力支持，殺了齊襄公，擁立公孫無知當了齊國國君。

尹　喜：嘖嘖，輕易許諾的人，果然不守信用！
　　　　看來，這瓜多吃幾塊不礙事，話可不能
　　　　隨便亂說啊！

# 失信不立

原文

秋，欒盈① 自楚適② 齊。晏平仲言③ 於齊侯曰：「商任之會，受命④ 於晉。今納欒氏，將安用之？小所以事大，信也。失信不立，君其圖之。」弗聽。

——《左傳·襄公二十二年》

**典籍**

《左傳》——又稱《春秋左傳》，儒家經典之一，春秋末期魯國左丘明為解釋《春秋》而作。書中保留了大量古代史料，詳細記載了春秋時期的許多歷史人物和事件，是中國現存最早的編年體史書。

**注釋**

① 欒盈：春秋時期晉國官員。欒，粵lyun4（聯）；普luán。

② 適：到，去往。

③ 言：對……說。

④ 受命：聽從，接納建議。

**欒盈**

姬姓欒氏盈為名，春秋時期晉國人，
范鞅誣告我謀反，倉皇奔楚又奔齊，
莊公送我入曲沃，反晉不成全族滅。

我曾是條漏網魚。

我是守信的忠臣。

**晏子**

姬姓晏氏嬰為名，字仲謚平齊國人。
巧用二桃殺三士，能言善辯揚國威。
輔佐三朝功勞大，世人稱我為晏子。

我是齊國國君。

**齊莊公**

姓姜名光父靈公，亂中即位殺親弟，
收留欒盈謀反晉，打破同盟起戰事，
私通崔妻東郭姜，死於崔杼宅院中。

這段古文包含着一個成語：

# 失信不立

失信，不守信用；立，立足。不守信用的人無法在社會上立足。

人而無信，不知其可。

## 小啟示

　　欒盈從楚國去往齊國，齊莊公準備接納他。晏子對齊莊公說：「商任會見的時候，齊國接受了晉國禁錮欒氏的命令。現在接納欒氏，就失去了信用。失去信用就無以立國，您要考慮一下。」我們應當遵守信用，不講信用的人無法得到別人的認可。

## 小拓展：周幽王的主頁

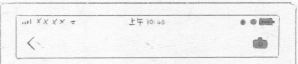

 **周幽王**
烽火都燃完了，怎麼沒人來救駕？申侯！犬戎！你們竟然造反！救命啊！救命！

2 分鐘前

> ♥ **申國、西夷犬戎**
>
> **姬宜臼**：父親？父親你怎樣了？
> **申侯**：大外孫，這麼沒良心的爹，問他幹嗎？別管他！現在你是周王！
> **太史伯陽**：哎，真是失信不立啊！大王你烽火戲諸侯，信用破產，最後亡國又喪命，可歎啊可歎！

**周幽王**

烽火台上燃烽火，擂鼓咚咚報戰訊；各路諸侯來救駕，急急惶惶空奔忙；褒姒終於笑開懷，這個主意真天才。諸位愛卿，驚不驚喜？意不意外？

一年前

> **周幽王**：哼！孤王的愛情，你們永遠不懂！

 **周幽王**
褒姒不笑！求助眾愛卿！

兩年前

> ♥ **申國、西夷犬戎、魯國、衛國⋯⋯**
>
> **周幽王**：有好主意私訊我，重賞。

**周幽王**
後宮來個美人兒叫褒姒，開心⋯⋯

三年前

> ♥ **申國、西夷犬戎、魯國、衛國⋯⋯**
>
> **申后**：看你得意的！
> **回覆**：給你添個妹妹，哈哈！

# 小信成則大信立

·原文·

小信<sup>①</sup>成則大信立。故明主積<sup>②</sup>於信。賞罰<sup>③</sup>不信，則禁令不行<sup>④</sup>。

——《韓非子·外儲說左上》

## 典籍

《韓非子》——本書為韓非死後，後人搜集其遺著，並加入他人論述韓非的學說編成的。提出了一系列法治主張，是集先秦法家韓非學說大成的代表作。

## 注釋

① 信：信用。
② 積：積累。
③ 賞罰：獎勵和懲罰。
④ 行：推行。

我是法家思想代表人之一。

韓非子
姬姓韓氏單名非，
戰國時期韓國人。
身為公子命途舛，
師從荀子學有成。
為保韓國出使秦，
同學李斯將我害，
遺有著作《韓非子》。

大 典 故

關於遵守小信用，有一個有趣的故事：

## 曾子殺彘 ①

　　孔子有個學生叫曾子。有一天，曾子的妻子要去集市，她的兒子哭鬧着要一起去。

　　曾子的妻子哄勸兒子說：「你在家等我，回來就殺豬給你吃。」

　　曾子的妻子回來後，見曾子正要捉豬宰殺，連忙阻止，說：「我只不過跟小孩子說了句玩笑話！」

　　曾子說：「對兒童不是能夠戲言的！兒童天生沒有才智，需要從父母的行為舉止中學習，聽從父母的教導。現在你欺騙他，就是在教他以後去騙人。母親欺騙兒子，兒子就不再相信自己的母親，這不是教育孩子的好方法！」

　　於是，曾子就把豬殺掉，煮肉給兒子吃了。

注 釋

① 彘：指豬。粵 zi6（自）；普 zhì。

只有遵守小的信用才能確立大的信譽。所以誠信正直的人會點滴積累自己的信用。我們為人處世也要從小處做起，對每件事都遵守信用。在小的事情上做到有信用，在大的事業上才能不含糊。

## 延伸學習：古代的「公子」

1 韓非子是韓桓惠王的兒子，為韓國公子。

2 魏國信陵君魏無忌，是魏昭王少子。

3 趙國平原君趙勝，是趙武靈王的兒子。

## 小拓展：論說話算數的重要性

韓非子：說話算數是個難得的好品質！有時候啊，履行承諾表面看起來可能會吃虧，實際卻因此建立起好信譽，佔大便宜啦！現在有請四位嘉賓給我們講講說話算數的重要性——

齊桓公：我先來！那是前681年，我打敗魯國，在柯地與魯莊公會盟。我興致勃勃地去了，結果卻被魯國那個大力士曹沫挾持，逼我把汶陽之田還給魯國！性命要緊啊！我只好答應。回到齊國，我越想越生氣，本打算反悔呢，幸好管仲勸我，失地事小，失信事大，還是還給魯國吧！沒想到，我忍住這口窩囊氣，竟然信譽爆棚，諸侯國紛紛來依附齊國，齊國成了春秋五霸之一！

晉文公：同為春秋五霸，齊桓公的心情我特別理
解。攻打原國那次，我和晉國將士
們約好就打十天。第十天，原國軍
隊已彈盡糧絕，但說好十天就十
天，多一小時也不行──我軍鳴
金收兵！後來，原國人看我這麼
講信用，直接歸順啦！

魏文侯：我遵守信用的對象不是國家，只是一
個小官員。有一次，我和看守山林的官
員約好時間去打獵。結果天降大雨，我冒雨
去山林，當面和他取消約定。

秦孝公：文侯做得對，說話算數這種事要一視同仁，和對象是誰沒關係！當年我任用
商鞅推進變法，為讓老百姓相信，商鞅特意在都城南門立一根大木頭，宣佈
誰能把這根木頭搬到北門，就賞賜他五十金。這事聽起來挺玄乎，百姓們光
圍觀不動手，後來終於有人嘗試，當即獲得五十金。這樣一來，老百姓都知
道秦國說話算數，等到新法一推出，實施得可太順利了，哈哈！

# 與朋友交，言而有信

　　子曰：「弟子①入則孝，出則弟②，謹而信，汎愛眾，而親仁，行有餘力，則以學文③。」

　　子夏曰：「賢賢④易⑤色；事父母，能竭其力；事君，能致⑥其身；與朋友交，言而有信。雖曰未學，吾必謂之學矣。」

　　　　　　　　　　　　　　　　　　——《論語·學而》

《論語》——儒家經典之一，孔子弟子及其再傳弟子關於孔子言行的記錄。內容有孔子談話、答弟子問及弟子間相與談論。為研究孔子思想的主要資料。宋代把它與《大學》《中庸》《孟子》合稱「四書」。

## 注 釋

① 弟子：年紀幼小的人；學生。這裏指年紀幼小的人。

② 弟：通「悌」，尊重兄長，也指尊敬年長的人。粵dai6（第）；普tì。

③ 文：指詩書禮樂等文化知識。

④ 賢賢：尊重賢者。第一個賢是動詞，尊重；第二個賢是名詞，指賢人。

⑤ 易：看輕。

⑥ 致：奉獻，獻出。

子羽

複姓澹台名滅明，子羽為字魯國人。
相貌醜陋不起眼，我師孔子曾輕我。
學成回鄉廣收徒，門徒超過三百眾。
我師感慨貌不重，以貌取人不可靠。
行事光明又磊落，重義輕財品行高。

我是孔子學生，
醜巴巴的那個。

這段古文衍生出一個成語：

## 言而有信

言，話語；信，信用。說話算數，有信用。

孔子認為，年幼者在父母面前要恪守孝道，出門在外要尊敬年長的人，說話謹慎講信用，和所有人友愛相處。還要認真學習文化知識。

看一個人學識的好壞，不能只看他文化知識的深淺，更要注重觀察他是否具備孝、忠、信等基本德行。

## 小拓展：陶朱公後悔藥專賣店關門記

范蠡（春秋末期越國重臣，後棄官從商，自號陶朱公）站在店鋪門前貼告示：本店因經營不善關門大吉，即日起此房出租，價格從優。

子　夏：范蠡大夫，您這店開得好好的，幹嗎要停業？

范　蠡：卜子先生，我這告示說得挺明白啦，不掙錢唄！賠錢買賣，不關，還留着過年？

子　夏：您入仕時輔佐越王勾踐興越滅吳，辭職從商後財運亨通，被後世奉為商聖，居然還有不掙錢的生意？

范　蠡：那也得看開店賣甚麼。這年頭，後悔藥不好賣啊！您不信，我現場推銷給您看——

嘟嘟嘟——

電話接通。

范　蠡：尾生，你為了失信女子抱着柱子被淹死，多可惜啊！我這裏有後悔藥，來一粒，河水漲了我們就離開橋下，改日再約。

尾　生：不！她來不來是她的事，我是否遵守信用是我的事！不後悔！

范　蠡：季札，你和徐國國君又沒甚麼明確約定，我這裏有後悔藥，你來一粒？我們把寶劍拿回來。

季　札：不要！當年我因出使晉國，沒有寶劍不方便，雖然知道徐國國君喜歡這把寶劍也沒有相贈，暗自決定等我歸來再送給他。可惜啊，我回來他已離世，繼任徐君堅持不收寶劍。不過，既然我心裏已對他許下承諾，怎麼能因無人聽見、故人已歿就違背諾言呢？我把寶劍掛在他墳墓旁的樹上，心裏舒坦，不後悔！

子　夏：言而有信之人，寧可付出生命、失去財富，也慨然無悔，難怪陶朱公的後悔藥沒市場！

# 君子以行言，小人以舌言

．原文．

　　顏回問於孔子曰：「小人之言，有同乎君子者，不可不察①也。」孔子曰：「君子以行言，小人以舌言。故君子於為義②之上，相疾③也，退④而相愛⑤；小人於為亂⑥之上，相愛也，退而相惡⑦。」

——《孔子家語‧顏回》

典　籍

《孔子家語》——記錄了孔子及其學生思想言行的著作，也包括古代婚姻、祭祀制度等內容。

注　釋

① 察：分辨。
② 義：道義，仁義。
③ 疾：規勸，勸誡。
④ 退：事情過後；私下裏。
⑤ 愛：愛護；親近。
⑥ 亂：動亂；搗亂。
⑦ 惡：詆毀，誹謗。

我是孔子學生，當官年份最長的一個。

子羔

本名高柴字子羔，春秋時期齊國人。
出仕魯國與衞國，為官清廉執法公。
衞國政變我逃離，痛失子路我心哀。
遊學蘭陵傳儒道，宋朝封我共城侯。

我是孔子學生，禮儀精熟擅交際。

公西赤

複姓公西單名赤，表字子華魯國人。
師從孔子研學問，熟習禮儀擅交際。
禮中最擅祭祀禮，賓客之禮也嫻熟。
肥馬輕裘出使齊，後人尊我公西子。

## 大典故

這段古文衍生出一個詞語：

# 相疾

疾，激勵，勸誡。急於相互激勵勸誡。

## 小啟示

　　孔子說：「君子以自己的行動說話，小人以自己的舌頭說話。所以君子在道義攸關的事上，聲色俱厲地規勸告誡，私下裏卻相互愛護；小人甜言蜜語地親近支持，私下裏卻相互詆毀。」

　　觀察一個人是不是品行端正的君子，要看他的實際行動。以實際行動踐行道德仁義的人，才是真正的君子。

10:15 ·ll 5G　　　　**嬴姓萬古千秋羣** (線上人數 6/6)　　　　100%

剛剛學會玩手機，羣組功能真方便。建個家族羣，聊聊！我大秦千世萬世傳不朽。孩兒們，現在傳到幾百世了？
秦始皇

子嬰
稟皇爺爺，傳了二世。到我就只是秦王，不是皇帝了！沒多久了，劉邦就打入關內，咱大秦……亡了！

甚麼？！我辛辛苦苦打下萬世基業，你們竟然只傳了二世！
秦始皇

扶蘇
呵呵！父皇，這句話您應該 @ 您的小兒子胡亥。

公子高
父皇，胡亥即位前逼死了扶蘇和大將蒙恬，即位後，又把兄弟姐妹殺得乾乾淨淨！

趙高那賊子！慫恿胡亥殺宗親、滅忠臣，把朝政攪得一塌糊塗！
子嬰

秦二世胡亥
父皇，子嬰，我也後悔啊！趙高這個人嘴甜，能力強，表現得別提有多忠心啦！誰知他包藏禍心逼死了我！我死得好慘啊父皇！

「小人以舌言」，小人的甜言蜜語要多少有多少，你想聽甚麼他有甚麼！你不知辨別忠奸，親近小人戕害忠良，罪有應得！只可惜我萬世大秦夢……唉！
秦始皇

管理員已解散了羣組

第二篇

# 明禮

# 仁者愛人，有禮者敬人

原文

　　孟子曰：「君子所以異① 於人者，以其存心也。君子以仁②
存心，以禮③ 存心。仁者愛人，有禮者敬人。愛人者，人恆愛
之；敬人者，人恆敬之。」

——《孟子·離婁下》

**注 釋**

① 異：不同；差別。

② 仁：仁愛，仁慈與友愛。

③ 禮：禮義，禮貌與道義。

我是亞聖。

孟子

姓孟名軻，字子輿，戰國時期鄒國人，
研習孔學一脈承，通曉五經主仁義，
遊說多國無所用，回歸鄒國著《孟子》，
孔子至聖我亞聖，世人稱我為孟子。

**大 典 故**

這段古文衍生出一個成語：

## 仁者愛人

仁者，心懷仁慈的人；愛，愛護。心懷仁慈的人懂得愛護別人。

孟子說，君子之所以與常人不同，是因為他內心所存的念頭不同。君子心裏存有仁愛，存有禮義。有仁愛的人愛護他人，講禮義的人尊敬他人。愛護他人的人，人們也常常愛戴他；尊敬他人的人，人們也常常尊重他。

## 小拓展：第一屆「孟子盃」仁者選拔賽

**評委**

孟子、公孫丑

**參賽選手**

選手1：董奉（三國時期吳國名醫）

選手2：郗鑒（晉朝官員）

選手3：柳宗元（唐朝著名文學家）

選手4：董篤行（清朝官員）

孟子盃

孟子　公孫丑

**選拔規則：**

四晉三淘汰制。評委打分，滿分十分。

董　奉：我給人看病不要錢，病人痊癒後，在醫館附近栽幾棵杏樹就行。幾年後，杏樹足足有十萬多棵。後來，有人用「杏林春暖」形容我醫術高超。

孟　子：唔，醫者仁心，不錯。十分。

公孫丑：怪不得都用「杏林」代表中醫學呢。十分。

郗　鑒：有一年鬧饑荒，我帶姪子郗邁和外甥周翼到鄉下住，鄉親們輪流管飯。可鄉親們也窮啊！我自己吃還湊合，加上倆孩子就管不起了。我就把食物含在嘴裏，回來吐給倆孩子……就這樣，我們三個勉強沒餓死。

孟　子：郗公含哺，兼顧姪甥，可敬！十分。

公孫丑：十分。郗公去世，周翼辭官守孝三年，這外甥沒白疼。

柳宗元：我在廣西柳州當官時，帶領老百姓挖井開荒、植樹造林，幫助他們過上了好日子。

孟　　子：父母官愛民如子，很好。十分。

公孫丑：柳公善行，履職盡責。九分。

董篤行：我收到家書，說家人為蓋房子佔地多少和鄰居吵了起來。鄉里鄉親的，讓
　　　　讓人家唄！我當即回信：千里捎書只為牆，不禁使我笑斷腸；你仁我義結近
　　　　鄰，讓出三尺又何妨。

孟　　子：遇事先讓人，大氣！十分。

公孫丑：董家讓出三尺，鄰居一感動，也讓出三尺，形成六尺「仁義胡同」。十分。

孟　　子：我宣佈，選手3以一分之差淘汰。

柳宗元：無異議！父母官愛子民，是應盡的義務嘛。

公孫丑：歡迎柳公參加下一輪復活賽……

董　奉

郗　鑒

柳宗元

董篤行

# 與人善言，暖於布帛；
## 傷人以言，深於矛戟

**原文**

　　憍①泄②者，人之殃也；恭③儉④者，偋⑤五兵⑥也。雖有戈矛之刺，不如恭儉之利也。故與人善言，暖於布帛⑦；傷人以言，深於矛戟⑧。

——《荀子·榮辱》

**典籍**

《荀子》——一部由荀子及其弟子所總結記錄的著作，記敘了思想家荀況的自然觀念、邏輯思想及政治經濟思想，有些篇章還以民間文學的形式表述了為君、治國之道。

## 注 釋

① 憍：同「驕」，驕橫放縱。粵giu1（驕）；普jiāo。
② 泄：同「媟」，輕慢，褻瀆。粵sit3（屑）；普xiè。
③ 恭：恭敬的樣子。
④ 儉：謙遜的樣子。
⑤ 俜：屏棄，除去。粵bing2（丙）；普bǐng。
⑥ 五兵：古代的五種兵器。
⑦ 布帛：指棉織品和絲織品及其所製衣物。
⑧ 矛戟：戈、矛結合，具有勾、刺雙重功能的古代兵器。

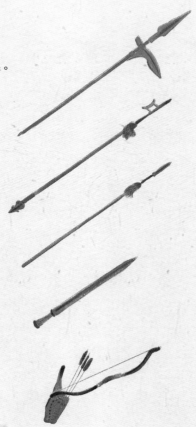

（ 延伸學習：五兵 ）

古代戰場兵種多，車兵步兵與騎兵。
五兵泛指五兵器，車兵步兵各不同。
車之五兵有「戈、殳、戟、酋矛、夷
矛」，插在車輿供取用。步卒之五兵有
「矛、戟、鉞、楯、弓矢」。

（大）（典）（故）

這段古文衍生出一句俗語：

## 善言暖於布帛

善意的言語會讓人感覺比衣服還溫暖。形容有益的語言能夠給人帶來鼓舞和
安慰。

恭敬謙遜，可以避免各種兵器的殘害。即便有戈矛的尖刺，也不如恭敬謙遜有效。
要與人為善，不要用惡劣的言辭傷害別人。如果種下善良的種子，就會結出善良的果實。

小拓展：《三國演義》書友會

羅貫中：歡迎新成員加入《三國演義》書友會。咦，荀老，是您？

荀　子：呵呵，真是長江後浪推前浪，這本小說寫得太棒啦！

羅貫中：荀老愛看就好！

張　飛：荀老說說感想唄。有沒有覺得俺家軍師超級厲害？

荀　子：唔，我印象最深的是那段諸葛亮三氣周公瑾……

張　飛：哈哈哈，這件事辦得別提有多痛快啦！俺大哥劉備劉皇叔的老婆去世了，周瑜這小子竟然出個歪主意，讓俺大哥去東吳和孫權的妹妹孫尚香成親！其實呀，成親是假，東吳這幫人是要把俺大哥扣住，讓俺們用荊州換大哥！

孫尚香：唉，說起這件事，就是我哥哥和周將軍的不對了，怎麼能拿人家的婚姻大事當兒戲呢？幸好我母親孫老夫人幫忙，我和皇叔才能喜結良緣。

張　飛：嫂嫂說得對，他們這事辦得忒不地道！這不，俺家軍師施展妙計，讓俺大哥帶着嫂嫂順利離開東吳，又提前埋伏軍隊，把周瑜帶領的追擊隊打得落花流水！痛快，哈哈，痛快！

荀　子：不過，打敗人家也就罷了，何必還要再戳人家的心窩子，喊「周郎妙計安天下，賠了夫人又折兵」呢？看看，周瑜這孩子都氣暈啦！要知道，傷人的言語，比刀劍還厲害啊！

張　飛：這……

羅貫中：哈哈！荀老不必擔心，這段情節是虛構的！寫小說嘛，總要有點兒誇張情節去吸引眼球。實際上，正史記載的周瑜為人寬厚，氣量恢宏，是位相當優秀的小伙子呢！

《三國演義》書友會

荀 子

羅貫中

張 飛

孫尚香

# 好問則裕，自用則小

原文

予聞曰：「能自得師者王[1]，謂人莫己若者亡[2]。好問則裕，自用[3]則小[4]。」

——《尚書·商書》

**典 籍**

**《尚書》**——儒家經典之一，是中國上古歷史文件和部分記錄古代事跡著作的彙編。相傳由孔子編選而成，後認為有些篇是後來儒家補充進去的。

**注 釋**

[1] 王：稱王，也指取得成功。
[2] 亡：滅亡，也指失敗。
[3] 自用：自以為是。
[4] 小：少；狹隘。

我是輔佐商湯的人。

大 人 物

仲虺

出生之時雷虺虺，由此得名為仲虺，
夏朝時期薛國人，也叫萊朱與中䨺。
輔佐商湯滅夏桀，商朝建後任左相。

我是商朝開國之君。

商湯

姓子名履又稱湯，夏朝時期商國君。
伊尹仲虺來輔佐，鳴條之戰逐夏桀。
三千諸侯齊推舉，建立商朝做天子。
世人稱我為商湯，廟號太祖曰武王。

大 典 故

這段古文衍生出一個成語：

# 好問則裕

裕，寬裕。經常向別人請教，學識就會淵博精深。

《尚書》中記載，能夠自己求得老師的人，就可以稱王，認為別人都不如自己的人，就會滅亡。謙虛好問，所得就多，剛愎自用，所得就少。我們應當多學習別人的長處，不斷地增長自己的學問。

◁ 小拓展：商紂王遊學記 ▷

商　湯：敗家子！我好不容易打下的基業，統統毀在你手裏！

商紂王：姬發（周武王）犯上作亂，怎能怪我？

商　湯：你還嘴硬！走，跟我去遊學！

商紂王：（白眼）哼！你是祖宗，你說了算！

**唐朝，村居大樹下。**

白居易：老人家，小朋友，我剛才唸的詩，你們能聽懂嗎？

老婦人：都是大白話，挺好。

牧　童：一聽就明白！

商紂王：你這人奇了怪了，村婦和小孩不識字，你問他們幹嗎？

白居易：藝術來源於生活，老百姓都是我的老師。

商紂王：哼！不懂！

**明朝，深山中。**

樵　夫：先生，您要的穿山甲。

李時珍：多謝老師。

商紂王：喂，你為甚麼叫砍柴的「老師」？

李時珍：我拜老百姓為師，可以學到書上沒有的知識。

李時珍一邊說，一邊將穿山甲的胃部剖開，看到胃袋裏還沒消化的大量螞蟻，高興地叫起來：「沒錯，穿山甲確實吃螞蟻！」

商紂王：看這伯爺公的認真勁，我忍不住想起王叔比干。

商　湯：比干以死諫言，你卻當耳旁風，唉！

**春秋時期，魯國太廟。**

孔　子：盤子擺在這裏有何講究？這件古物放在太廟有特殊意義嗎？為甚麼祭祀儀式上要
　　　　用這段音樂？

商紂王：不會吧？這就是後人尊為「聖人」的孔子？他怎麼問這問那，跟個白痴似的！

商　湯：你才是白痴！問得多了，自然懂得就多，要不怎麼說人家是儒家至聖呢！

商紂王：（突然大哭）祖宗，我知道為甚麼亡國了！我造酷刑，殺忠臣，誰的話都不聽，
　　　　想幹甚麼幹甚麼，幹的還都不是人幹的事……

商　湯：這趟遊學沒白來！

# 愛人若愛其身

原文

若使天下兼相愛，愛<sup></sup>人若愛其身，猶<sup></sup>有不孝者乎？視父兄與君若其身，惡<sup></sup>施不孝？猶有不慈者乎？視弟子與臣若其身，惡施不慈？故不孝不慈亡<sup></sup>有。……若使天下兼相愛，國與國不相攻，家與家不相亂，盜賊亡有，君臣父子皆能孝慈，若此，則天下治<sup></sup>。

——《墨子‧兼愛》

典籍

《墨子》—— 墨家學派的著作彙總，由墨子的弟子整理而成的著作，記載了墨子的科學、哲學、軍事等思想。

注釋
① 兼：都。
② 愛：愛護；對待。
③ 猶：還。
④ 惡：何；還能。粵 wu1（烏）；普 wū。
⑤ 亡：通「無」，沒有。
⑥ 治：治理；治理得井井有條的樣子。

我是墨家學派的創始人。

墨子

姓墨名翟宋國人，家族沒落為平民，
師從儒學有疑惑，創立墨學廣收徒，
反對攻伐倡兼愛，世人尊稱為墨子。

大 典 故

這段古文衍生出一個成語：

兼愛無私

兼，都，廣泛；私，私心。
泛愛大眾，對人沒有私心。

### 小啟示

　　如果天下所有人都能互相體諒、相親相愛，對待長輩、兄弟像對待自己一樣，還會有不孝順、不慈愛的嗎？對待同輩、弟弟妹妹像對待自己一樣，怎麼會做出不慈愛的事呢？如果所有人都能互相體諒、相親相愛，國家與國家就不會相互攻伐，家族與家族就不會相互爭鬥，天下就太平了，世界就充滿了愛。

**兼愛交流羣** (線上人數 5/55)

10:16 ‖5G　　　　　　　　　　　　　　　　　　　　100%

幾千年過去了，都有誰做到愛別人像愛自己一樣？建個羣交流交流！😊😊😊

墨子

墨子邀請「吳起」加入了羣組

吳起

我做主將的時候，和低階士兵穿一樣的衣服，吃一樣的食物，行軍時和士兵一起背乾糧。有一次，一個士兵長了毒瘡，我還親自替他吸吮膿液呢！

怪不得吳將軍帶的軍隊戰鬥力超強，不愧是與孫子齊名的軍事家啊！

墨子

吳起邀請「裴俠」加入了羣組

裴俠

我當上河北郡守才知道，郡守家傭僕標配有捕魚打獵的人三十名、壯年男子三十名。我一想，怎麼能為了自己吃飽穿暖去支使老百姓呢？還是讓他們各回各家吧！

在南北朝亂世，裴公的做法太難得了！當得起老百姓「裴公貞惠」的評價！

墨子

「晉惠帝」通過墨子分享的邀請碼加入了羣組

晉惠帝

有一年晉國災荒，聽說有百姓因沒糧食吃而餓死，朕很關心地問：「他們為甚麼不吃肉粥呢？」看，朕多愛護百姓！

你！你分明是昏庸不作為，不知民間疾苦！西晉亡在你手裏，不冤！

墨子

墨子將「晉惠帝」移出了羣組

# 人有恥，則能有所不為

原文

人須是有廉恥。孟子曰：「恥之於人大矣！」恥便是羞惡之心。人有恥，則能有所不為。今有一樣人[1] 不能安貧，其氣[2] 銷屈[3]，以至立腳不住，不知廉恥，亦何所不至！

—— 宋·朱熹《朱子語類》

**典 籍**

《朱子語類》—— 南宋朱熹講學語錄的分類彙編。內容涉及自然科學、哲學、政治、史學等各方面，為研究朱熹思想的重要資料。

**注 釋**

① 一樣人：一些人。

② 氣：正氣，指代道德廉恥心。

③ 銷屈：銷蝕殆盡，一點兒不剩。

我是朱熹學生，亦生亦友的那種。

**蔡元定**

姓蔡雙名為元定，季通為字號西山。師事朱熹共論道，探究義理博覽書。不求名利不入仕，潛心著述研學問。理學定偽貶道州，不改初心坦然行。理、數相合揚理學，被譽「朱門領袖」人。

這段古文借用了一個典故：

**有所不為**

最早出自《論語》，意思是孤高自傲的人有些事是絕對不會做的，後來多指不做違背道義的事。

　　一個人必須有羞惡之心。孟子說：「知恥是人的大事！」人有了羞惡之心，才能知曉違背道義的事是不該做的。現在有一些人不能安於貧困，把自己的正氣銷蝕殆盡，以至於站不穩立場而犯下錯誤，一個人不知廉恥，還有甚麼事情做不出來呢！所以需要從內心深處和壞的思想劃清界限，修持自己的內心。

有所不為，為無不成，是以英雄之主常無敵於天下。

　　　　　　　── 宋・陳亮《酌古論・先主》

然則有所不為，亦將有所必為者矣；既云進取，亦將有所不取者矣。

　　　　　　　　　　　　　　── 《後漢書》

人有不為也，而後可以有為。

　　　　　　　　　　　　── 《孟子・離婁下》

### 小拓展：包拯君臣話當年

宋仁宗：很多人羨慕皇帝，覺得皇帝隨心所欲。其實，皇帝也不是想幹甚麼就能幹甚麼的啊！

包　拯：陛下何出此言？

宋仁宗：想當年，朕最最心愛的女人，張貴妃，要給她表叔張堯佐求個官職，本來朕都答應了，給他個宣徽使當當，可第一次廷議沒通過，第二次你力諫不可，這事就做不成了。

包　拯：唔，這事阻止得對。君子嘛，尤其陛下您又是君臨天下的天子，理應有所不為。想那張堯佐能力不足，怎能委以重任？

宋仁宗：唉！廷議不過也就罷了，讓朕鬱悶的是包愛卿你啊！你竟然「反覆數百言，音吐憤激」，舉了好多條不同意的理由，越說越激動，還噴了朕一臉唾沫！

包　拯：呵呵，這是臣應當應分的。不過，陛下後來還是太任性了，張貴妃去世時，明明曹皇后還在世，您卻不顧律法和朝臣反對，追封張貴妃為溫成皇后，導致咱大宋朝廷出了件亙古未聞的稀奇事——一生一死兩皇后！應當「有所不為」！

宋仁宗：……

# 君子和而不同

子曰：「君子和①而不同②，小人同而不和。」

——《論語·子路》

① 和：和諧，配合得當。

② 同：等同，此處指附和。

我是孔子學生，
超喜歡《易經》。

大 人 物

子木

姓商名瞿字子木，春秋末期魯國人。
師從孔子習學問，喜好《易經》頗有得。
傳道《易經》於後世，多有以《易》入仕
者，後世稱我為商子。

我是孔子學生，
最愛學《尚書》。

子開

複姓漆雕單名開，雙字子開與子若。
春秋時期魯國人。跟隨我師學《尚
書》，學有所樂不想仕。無罪受刑身
軀殘，剛正不阿德行高。寫成著作
《漆雕子》。

## 大典故

這段古文衍生出一個成語：

### 和而不同

和，和諧，和睦；同，等同，附和。和睦相處而不盲從附和。

## 小啟示

孔子說：「君子用自己正確的意見來糾正別人的錯誤意見而不是盲從附和，小人一味附和而不表示自己的意見。」

人如果不能堅持自己的德行，就只能做到「同而不和」。君子和周圍的人相處融洽，但是卻有自己獨立的思想，堅持自己的德行，不與世俗同流合污。

與經典同遊：誠信與禮儀

和而不同

孔　子：君子的「和而不同」是怎樣一種境界呢？我們一起來聊聊。

曾　子：歡迎連線！

嘟嘟嘟──

司馬光提出連線申請。

司馬光已接通。

司馬光：夫子好！我認為，我和老政敵王安石，稱得上「和而不同」啦！

曾　子：司馬君實（司馬光，字君實）從小聰穎過人，成年後入仕報效朝廷，官至宰相。聽老百姓反映，您官聲極好，主張遵循舊法無為而治，是一位好宰相、真君子。

司馬光：想當年，我和介甫公（王安石，字介甫）同朝為官。他力主變法圖治，要改革財政和軍事，可我卻覺得，現有制度挺好的，重點還是要提高國民整體素質。大夥的道德水準提上幾個檔次，官員覺悟再高上一點點，不就國泰民安、天下大治了嗎？

曾　子：開始宋神宗更偏重王文公的主張，導致您離開權力中心，退居洛陽。

司馬光：是啊，不過我離開純屬是與介甫公政見不合，絕無一點兒私人恩怨！這不，介甫公大權在握之際，陛下問他我是個甚麼樣的人，介甫公大力稱讚我為「國之棟樑」。

嘟嘟嘟──

王安石提出連線申請。

王安石已接通。

王安石：老對頭在線，有點小激動，我來補充幾句！我這新法推行沒多久，就因為得罪的權貴太多，被人天天告黑狀。三人成虎啊！久而久之，陛下看我越來越不順眼，重新啟用司馬君實，還問他該怎樣治我的罪。這時候，君實公非但沒疾恨我害他丟官，還非常誠懇地告訴陛下，我疾惡如仇又胸懷坦蕩，勸陛下千萬不可聽信讒言！

孔　子：您二位政見相左卻相互推崇，為國為民之心可昭日月，稱得上「和而不同」的典範啦！

# 禮有三本

原文

　　禮有三本①：天地者，生②之本也；先祖者，類③之本也；君師④者，治⑤之本也。

——《荀子·禮論》

## 注 釋

① 本：根本，根基。
② 生：生存。
③ 類：宗族。
④ 君師：君主和值得尊重的長者。
⑤ 治：治國

我是春申君力保的太子。

### 楚考烈王

芈姓熊氏單名完，戰國時期楚國君。即位之初秦伐楚，割讓州陵給秦國。即位五年秦伐趙，趙使毛遂說服我，與趙會盟同伐秦，死後楚國國勢衰。

我是戰國四公子之一。

### 春申君

姓黃名歇楚國臣，楚王封我春申君。
勸秦親楚結盟約，我與太子為人質。
楚王病重盼子歸，我助太子偷逃走。
太子即位我為相，推舉荀子蘭陵令。
楚王去世我奔喪，被刺身亡全家滅。

## 大典故

楚考烈王的經歷中藏有一個成語：

### 毛遂自薦

毛遂是戰國時期趙國平原君門下食客，曾向平原君自我推薦，後跟隨平原君出使楚國，在遊說楚國抗秦中立下功勞；比喻自告奮勇，自己推薦自己擔任某項工作。

### 小啟示

　　古代先賢認為，禮有三條根本性原則：天地是生存的根本，先祖是宗族的根本，君主與賢德長者是治國的根本。

　　當今我們仍應當遵守社會規範，弘揚尊賢敬長的傳統美德。

10:16 ‖5G　　　　**禮有三本交流羣** (線上人數 3/55)　　　　🔋100%

來來來，今天的交流主題——「為甚麼說君師是治國之本」？
荀 子

李 斯

老師，我先說！對一個國家來說，君主賢德真是太重要啦！就拿我們大秦朝來說，始皇帝統一貨幣、文字、度量衡，修築萬里長城抵禦外虜，奠定了中國兩千多年封建王朝的政治格局，真是位偉大的君王啊！

韓 非

同學，你怎麼不提你效忠的這位始皇帝驕奢淫逸，不顧百姓死活，大興土木建阿房宮、修皇陵；這麼「賢德」的一樁樁行為，怪不得秦朝傳位二世、堅持十五年就滅亡了！

李 斯

……

韓 非

我數來又數去，覺得最能體現老師這句話的君主要數唐太宗李世民。瞧，人家李世民多有度量。大臣魏徵說話直，心眼實，把他氣得都想殺了這「莊稼漢」了，結果呢，等怒氣平了，還不是繼續重用賢臣？君師是治國之本，有了這樣賢德的君主，唐朝才有盛極一時的貞觀之治嘛！

公平而言，韓非對我這句話的理解更透徹，舉的例子也更恰當！
荀 子

李 斯

老師，您還是一如既往地偏心！

第三篇

# 守正

# 冠必正，紐必結

原文

冠必正<sup>①</sup>，紐必結，襪與履，俱緊切。

置冠服，有定位，勿亂頓，致污穢<sup>②</sup>。

唯德學，唯才藝，不如人，當自礪<sup>③</sup>。

若衣服，若飲食，不如人，勿生慼<sup>④</sup>。

——《弟子規》

**典 籍**

《弟子規》——又名《訓蒙文》，清初學者李毓秀編寫的蒙學課本。三字一句，兩句或四句連意，合轍押韻，教導學童生活、學習規範。

**注 釋**

① 冠：禮帽。粵 gun1（官）；普 guān。

② 污穢：髒東西。穢，粵 wai3（慰）；普 huì。

③ 自礪：自我磨煉。

④ 慼：憂愁。

 大人物

李毓秀

姓李雙名為毓秀，子潛為字號采三。
創辦學堂敦復齋，聽講之人絡繹來。
編寫童蒙《弟子規》，傳世影響遠且深。
時人稱我李夫子，壽過杖朝高齡終。

我是《弟子規》的作者。

大典故

形容注重提升德學和才藝的人有一個成語：

**德才兼備**

同時具備優秀的品德和才能。

　　冠帽需戴正，紐扣要繫好，襪子與鞋子都要穿得平整。放置帽子和衣服，各有位置擺整齊。不必在意衣裝與食物是否精緻，當不如別人時，不要生憂慮。

　　每個人都應當重視品德與學識、才能和技藝，當不如別人時，當勤加磨礪。

## 延伸學習：不同年齡有雅稱

在古代，不同年齡有着特定稱呼 ——

嬰兒不滿週歲：襁褓 —— 用小被子包着。襁，粵koeng5（強）；普qiǎng。褓，
　　　　　　　　粵bou2（保）；普bǎo。

嬰兒一歲：牙牙 —— 說話咿咿呀呀含糊不清。

兒童幼年：垂髫之年 —— 頭髮自然垂下，尚未束髮。髫，粵tiu4（條）；普tiáo。

女孩十二歲：金釵之年 —— 女子十二要戴釵。釵，粵caai1（猜）；普chāi。

女孩十三四歲：荳蔻之年 —— 出自杜牧《贈別》詩：「娉娉嫋嫋十三餘，荳蔻梢頭二月
　　　　　　　　初。」蔻，粵kau3（扣）；普kòu。

女孩十五歲：及笄之年 —— 把頭髮用笄簪起，表示已成年。笄，粵gai1（雞）；普jī。

女孩十六歲：碧玉年華。

女孩二十歲：桃李之年。

女孩二十四歲：花信年華 —— 花開時節。

男孩十三至十五歲：舞勺之年 —— 男孩開始學
　　　　　　　　習樂舞中的勺舞。

男孩十五至二十歲：舞象之年 —— 男孩開始學
　　　　　　　　習武舞中的象舞及射御。

男孩二十歲：弱冠 —— 戴上帽子行冠禮，表示
　　　　　　　　已成年。

三十歲：而立之年 —— 該學有所用事業小成了。

四十歲：不惑之年 —— 遇到事情能判明對錯了。

五十歲：知命之年 —— 能知曉命運怎麼回事了。

六十歲：花甲之年 —— 天干地支紀年法中，以六十年為一花甲（甲子）。

耳順之年 —— 聽到言語就能判明對錯。

七十歲：古稀之年 —— 古代人活到七十的有點少。

八十歲：杖朝之年 —— 這個年齡允許拄拐杖去上朝。

八九十歲：耄耋之年。耄，粵 mou6（霧）；普 mào。耋，粵 dit6（秩）；普 dié。

一百歲：期頤之壽，也稱樂期頤、人瑞。頤，粵 ji4（而）；普 yí。

## 小拓展：德與財辯論會

**德　方：**孔子、顏回

**財　方：**石崇、王愷

孔　子：德學才藝需時時完善。三人行，必有我師，每個人身上都有值得學習的地方。

顏　回：德學才藝遠勝錦衣玉食。只要潛心向學，一竹筐飯，一瓢水，照樣很快樂。

石　崇：財富是王道！瞧我，蠟燭當柴燒，銀子花不完！

王　愷：有錢確實好！我拿外甥晉武帝賜的珊瑚樹與石崇鬥富，結果石崇完勝。氣死我了！

孔　子：石崇先生您因豪富遭人忌恨，死於非命；王愷先生您獲謚號「醜公」。德學才藝可以流傳千古，財富能嗎？

顏　回：石崇先生您文化高，王愷先生您會處事，可您二位只顧鬥富不思進取。有你們這樣的官員，怪不得西晉朝廷貪污成風，延續五十一年就滅亡了。

石崇、王愷：😔……

# 君子喻於義，小人喻於利

原文

子曰：「君子喻①於義②，小人喻於利③。」

——《論語·里仁》

**注釋**

① 喻：注重，懂得。

② 義：道義。

③ 利：利益。

我是孔子學生，承孔啟孟的宗聖。

**大人物**

曾參

姓曾名參字子輿，春秋時期魯國人。父子同拜孔子師，深研孔學頗有得，曾經指導孟子師。上承孔學下啟孟，配享孔廟受敬仰。著寫《大學》與《孝經》，後世尊我為「宗聖」。

孔子說，君子注重的事物在道義，普通人注重的事物在利益。君子和小人不同的地方，就是在他們遇到利的時候怎麼做。君子心裏想着道義，小人心裏則裝着自己的利益。有修養的人也會追求個人利益，但會先考慮所得是否合於義，以義為原則來規範自己的行為。

## 延伸學習：九族

九族是指親屬。一種說法是指本身以上的父、祖父、曾祖、高祖和以下的子、孫、曾孫、玄孫。古時立宗族、定喪服，皆以此為準。

也有一說是九族包括父族四、母族三、妻族二。父族四，即當事人自己一族，出嫁的姑母與姑母的子女，出嫁的姐妹與姐妹的子女，出嫁的女兒與女兒的子女；母族三，即當事人外祖父全家，外祖母娘家，出嫁的姨媽與姨媽的子女；妻族二，即當事人妻子父親的全家，妻子母親的娘家。

孔　子：君子喻於義，小人喻於利。義與利哪個輕哪個重？誰能來個現身說法？

曾　參：大家大膽連線不要怕。

嘟嘟嘟——

孟嘗君、馮諼提出連線申請。

孟嘗君：夫子好！說到「義」與「利」，我深有感觸！我記得我有錢、有地位那陣子，家裏養的門客叫一個多！門客中有位挺有個性的傢伙叫馮諼，沒事就彈着長劍唱歌，要吃魚、要坐車、要漲工資奉養老娘，我都滿足了他！結果，我讓他去薛地幫我討債，他倒好，把所有債戶的債券都燒了，給我討了個空空如也回來！

曾　參：噢？這是為何？

孟嘗君：他說他為我買了「義」。我乍一聽，差點氣炸肺，不過也沒辦法，只好不了了之！一年後我仕途不順，被迫搬到薛地去住。到那裏一看，百姓們夾道歡迎，那叫一個親熱！我這時才感受到，馮諼為我買來的人心道義多麼珍貴！

曾　參：下面有請馮諼同學做補充說明。

馮　諼：夫子好！那會兒我在孟嘗君門下時，他是真風光，金錢地位應有盡有，溜鬚拍馬的人絡繹不絕。可金錢換來的繁華統統都是虛的，錢沒了甚麼都沒了，哪有道義品德換來的人心長久！所以呀，我乾脆燒了薛地老百姓的債券，幫他建立起威望名聲！

孔　子：身處浮華卻能洞察世情，知曉義大於利、義久而利不久的道理，有眼光！

# 君子坦蕩蕩，小人長戚戚

子曰：「君子坦蕩蕩，小人長戚戚①。」

——《論語·述而》

**注釋**

① 戚戚：憂愁的樣子。

我是孔門十哲之一。

子路

本名仲由有二字，一字子路一季路。
性格剛直武力強，孔子對我善誘導。
跟隨我師遊列國，後為衞國孔悝用。
衞國大亂救孔悝，亂中冠纓被擊落。
君子能死冠不免，結纓時候被擊殺。

我也是孔門十哲之一。

閔子騫

姓閔名損字子騫，春秋時期魯國人。
出身寒苦幼喪母，後母蘆花做棉服。
親父大怒欲休妻，閔損跪求孝名揚。
位列十哲七十二賢，二十四孝亦有我。

**小啟示**

　　孔子說過，君子心胸寬宏坦蕩，普通人卻經常憂愁、患得患失。我們應有寬廣的胸懷，可容忍別人，不計個人利害得失。心胸狹窄，與人為難、與己為難、時常憂愁，就不可能成為一個有修養的人。

**延伸學習：孔門十哲**

　　指孔子門下的十位學生。比起其他弟子，他們在德行、言語、政事、文學方面的成就十分突出。他們分別是：

　　顏淵（顏回）、閔子騫、冉伯牛（冉耕）、仲弓（冉雍）、宰我（宰予）、子貢（端木賜）、冉有（冉求）、子路（仲由）、子游、子夏（卜商）。

顏　淵：我很知足，彈彈琴、學學老師的道理就非常快樂，不追求俗世的功名利祿。

閔子騫：我會處理家庭關係，與親爸、後媽、異母弟的關係都很好，人們都誇我是個
　　　　孝子。

冉伯牛：我擅長待人接物，人緣好威望高，可惜壽命短了點。

仲　弓：我處理政務有一套，老師誇我是當卿大夫的材料。

宰　我：我愛思考愛提問，卻喜歡白天睡大覺，老師對我又愛又氣，曾批評我「朽木不可雕也」。

子　貢：我會說話，懂理財，曾擔任魯、衛兩國的相國，人們視我為儒商鼻祖。

冉　有：我多才多藝長袖善舞，老師讚我才藝出眾，從政沒甚麼困難。

子　路：我武藝高又講義氣，曾保護老師周遊列國。

子　游：我來自南方吳地，老師感歎，有了我孔門學說才能傳入南方地區，人們稱我為「南方夫子」。

子　夏：我是才氣縱橫的孔門高才生，注重當世過於古禮，老師告誡我要多遵循仁和禮，別變成只追求眼前名望的「小人儒」。

# 惻隱之心，仁之端也

**原文**

惻隱之心<sup>①</sup>，仁之端<sup>②</sup>也；羞惡之心，義之端也；辭讓之心，禮之端也；是非之心，智之端也。人之有是四端也，猶其有四體<sup>③</sup>也。

——《孟子‧公孫丑上》

注 釋
① 惻隱之心：同情之心。
② 端：開始。
③ 四體：四肢。

我是與孟子生死不離的學生。

萬章

終生追隨孟子側，老師失意我相陪。
與師同研詩書意，共著《孟子》七章整。
後人為我修墓塋，安墓鄒城西南處。
從祀孟廟西側屋，北宋追封博興伯。

## 大典故

這段古文衍生出一個成語：

### 惻隱之心

惻隱，表示同情。形容對別人的遭遇寄予同情。

### 小啟示

　　同情之心，是仁的開始；羞恥之心，是義的開始；謙讓之心，是禮的開始；是非之心，是智的開始。我們應當有這四個開始，就像人有四肢一樣。培養君子般的修養，可以從仁、義、禮、智這四個方面來進行。具體地說就先要做到有同情心，有羞恥觀念，能做到謙讓，能明辨是非。

### 延伸學習：儒家「五常」

　　儒家五常指的是「仁」「義」「禮」「智」「信」五種品德，被視為做人起碼的道德標準。五常由孔子、孟子和西漢大儒董仲舒共同完善而成，孔子提出「仁、義、禮」，孟子完善成「仁、義、禮、智」四端，董仲舒又增加「信」，形成五常之道。

仁　　　　義　　　　禮　　　　智　　　　信

**12:16** 📶 5G　　　　　**孟子師生羣** (線上人數 4/300)　　　　🔋100%

公孫丑

@ 孟子　老師，今天給我們講甚麼？

昨日讀了李煜的《虞美人》，裏面有句「春花秋月何時了，往事知多少」，讓我忍不住照樣寫了一句。

孟子

萬章

寫的甚麼？讓我們欣賞一下唄！

孟仲子

期待期待！

千載歲月過去了，惻隱之心知多少？徒兒們，為師一想起惻隱之心的美德故事，比如屈原流米（屈原小時候把家裏的米倒入石縫，假裝是石頭流出米來救濟百姓），比如羲之賣扇（王羲之在貧苦老婆婆賣的扇子上題字，幫她賣扇子），就覺得心潮澎湃，激動得睡不着覺。

孟子

孟仲子

說起惻隱之心，老師您的事跡就已經很多啦！

萬章

就是呀，您對百姓的苦難感同身受。孔子以前批評製作俑來殉葬太缺德，您告訴梁惠王，國庫充盈卻眼看着老百姓餓死，比「始作俑者」還缺德！

公孫丑

我記得這位梁惠王！您還跟他說，同樣是逃跑，跑了五十步的逃兵笑話跑了一百步的，太不對了。您借這故事勸諫梁惠王，既然聲稱愛惜百姓，就不要總想着打仗。

可惜呀，我們所處的戰國時期，諸侯紛爭，征伐不斷，諸侯王們為爭地盤打紅了眼，我的勸諫基本沒起作用呀！

孟子

# 質勝文則野

原文

子曰：「質①勝文②則野③，文勝質則史④。文質彬彬⑤，然後君子。」

——《論語·雍也》

注釋

① 質：樸實。這裏指人內在的本性。

② 文：通「紋」，紋飾，紋理。一說指人後天具備的內涵修養，一說指文采。

③ 野：粗野，粗俗。

④ 史：言辭華麗。這裏指虛浮、浮誇。

⑤ 彬彬：搭配得當、優雅得體的樣子。

我是孔子學生，
孔門十哲之一。

冉求

姓冉名求字子有，春秋時期魯國人。
曾任魯國宰臣職，多才多藝擅理財。
身先士卒出征去，率師抗齊立戰功。
後隨我師遊列國，我師誇我精政事。

我也是孔子學生，孔門十哲之一。

冉雍

姓冉名雍字仲弓，黃帝長子少昊裔。
德行學識俱卓著，我師誇我諸侯才。
主張以德化萬民，為官直諫主不納，
辭官隨師遊列國。同列孔門十哲中。

大 典 故

這段古文衍生出一個成語：

## 文質彬彬

文，通「紋」，紋理，引申義為文采；質，質地；彬彬，搭配協調。形容人溫文
爾雅有氣質，也指表裏協調如一的人。

孔子認為，君子的修養有兩部分，一是詩書禮樂等學識，一是保持樸實無華的本性。只有文質雙修並配合得當，才是合格的君子人格。

今天，我們仍可以按照這個標準來要求自己，做一位文質雙修的君子。

人嘛，都有七情六慾，時不時地，這本性就忍不住冒出來搗個蛋。所以呀，要用修養控制本性，成為文質彬彬的君子。
孔　子

張　良
我先說。想當年，我刺殺秦始皇失敗，被官軍攆得到處亂竄……有一天，我在下邳橋附近散步，碰到一位老爺爺。他走到我身邊，故意一甩腳——鞋子飛橋底下了。老爺爺看看我，說：「去，給我把鞋子拾上來！」我為他撿回鞋子，老爺爺又舒服地翹起腳，說：「給我穿上。」嘩！那語氣，那神態，毫不客氣啊！我當時想發火，轉念一想，人家這麼大歲數了，不就穿個鞋嘛，穿！穿上鞋，老爺爺告訴我，五天後的早晨，來下邳橋和他會面。我覺得這事挺奇怪，但還是答應了。五天後清晨，我來到下邳橋，結果老爺爺已經到了！他嫌我來得太晚，說再五天見，扭頭就走。過了五天，雞一叫我立馬動身，結果又比他晚！老爺爺讓我五天後再來！

張　飛
老爺爺這也太神祕了！

張　良
第三次，我半夜就在下邳橋等着，終於趕到他前面。

張　飛

後面的事大家都知道啦！老爺爺贈你一本《太公兵法》，你勤學苦讀，後來輔佐劉邦，成為西漢開國功臣。

究其源頭，還是張子房能克制本性，以君子言行感動老人，才得到贈書機緣。
孔　子

張　良
呵呵，張將軍，你也是文質彬彬的君子嗎？

張　飛
俺張飛能文能武，上陣衝鋒第一名，書法也聞名，還曾用計震懾住對俺大哥不敬的馬超，稱得上君子了吧！

# 可者與之，其不可者拒之

子夏之門人問交<sup>①</sup>於子張。子張曰：「子夏云何？」

對曰：「子夏曰：『可者<sup>②</sup>與<sup>③</sup>之，其不可者拒<sup>④</sup>之。』」

子張曰：「異<sup>⑤</sup>乎吾所聞：君子尊賢而容<sup>⑥</sup>眾，嘉<sup>⑦</sup>善而矜<sup>⑧</sup>不能。我之大賢與，於人何所不容？我之不賢與，人將拒我，如之何其拒人也？」

——《論語·子張》

## 注釋

① 交：與人交往的道理。
② 可者：品德好的人。
③ 與：結交。
④ 拒：拒絕，疏離。
⑤ 異：與……不同。
⑥ 容：容納，接納。
⑦ 嘉：讚美。
⑧ 矜：憐憫。

我是孔子學生，
孔門十哲之一。

## 大人物

子夏

姓卜名商字子夏，春秋末期晉國人。
師從孔子遊列國，才思敏捷我師讚。
四處傳學受尊敬，吳起商鞅均我徒。
唐時封我為魏侯，宋時又封河東公。

我也是孔子學生，子張之儒創始人。

子張

複姓顓孫單名師，春秋末年陳國人。
出身微賤曾犯罪，師從孔子成顯士。
好學深思重忠信，尊賢容眾朋友多。
不拘小節不計怨，世人稱我善交者。
開創學派子張儒，位列儒家八派首。

## 大典故

這段古文衍生出一個詞語：

容眾

容，容納；眾，普通人。比喻胸懷寬廣，能與各種人交往。

子夏說：「品德上佳的人就和他交往，品德不佳的人就拒絕、疏離他。」

子張說：「我所聽到的道理與此不同：『君子尊重賢德高士，也能容納普羅大眾；讚美善良好人，也憐憫無能庸者。』我自己如果足夠賢明，對於別人有甚麼容不下的？我自己如果不夠賢明，別人就會拒絕和我交往，我又怎麼可能去拒絕、疏離別人呢？」

這段話寫出了子夏與子張兩種不同的交友觀點。子夏主張親賢遠庸，子張認同尊賢容眾，通過子張與子夏弟子的對話不難看出，尊賢容眾的做法在人際交往中更具有積極意義。

## 小拓展：孔子線上直播課

孔　子：歷史是人的歷史，社會是人類社會，人際交往是門學問吶！

子　夏：不要理品德不好的人！

子　張：人非完人，要容眾！

孔　子：噓！暫緩爭辯，且聽大夥意見。

嘟嘟嘟——

孟嘗君提出連線申請。

孟嘗君已接通。

孟嘗君：夫子好！人際交往嘛，我就認兩個字：容眾！我家門客多，高賢雅士小偷強
　　　　盜應有盡有……

子　夏：小偷這等品德不佳之人，還不拒之門外？

孟嘗君：卜子先生別急，先聽我說。當年秦昭襄王非讓我去秦國當丞相，我和老東家
　　　　齊湣王一合計，秦國我們得罪不起，去！到了秦國，大臣樗里疾生怕我影響
　　　　他的官運，向秦王進獻讒言，要宰了我！我趕緊去求秦王最喜愛的燕姬，讓
　　　　她幫忙求個情。這燕姬幫忙可不是白幫的，人家指明要王宮庫房裏那件白狐
　　　　裘皮大衣！

子　張：這王宮盜寶可不是鬧着玩的。

孟嘗君：可不是，把我愁的啊！說來也巧，我門客裏有個當過小偷的，故技重施，去
　　　　王宮把這衣服偷出來啦！燕姬枕邊風一吹，秦王隨即放了我。可秦王經常反
　　　　悔，我必須趕緊跑。好不容易跑到邊關函谷關，又趕上半夜，不開門！幸虧
　　　　我另一位小偷出身的門客學起雞叫，引得函谷關內雞鳴連連，守關軍士以為
　　　　天快亮了，打開關門，我才得以逃生。

孔　子：所以說嘛，人際交往不能太絕對，容眾很重要。好比子張，我要是因他以前
　　　　犯過罪把他拒之門外，又何來聞名後世的子張之儒呢？

子　夏：……

# 益者三友，損者三友

原文

孔子曰：「益者三友，損者三友。友直、友諒①、友多聞，益矣；友便辟②、友善柔、友便佞③，損矣。」

——《論語・季氏》

我是《論語·李氏》
開頭的那個李氏。

## 大 人 物

### 季康子

姬姓季氏單名肥，春秋魯國之正卿。身為
宗主尊稱「孫」，時人又稱季孫肥。魯國
三桓勢力大，孟孫叔孫與季孫。三桓曾趕
孔子走，我迎孔子復歸魯。應時用賦有才
智，去世謚號單字「康」。

我是孔子學生，也是
孔子的女婿。

### 公冶長

複姓公冶單名長，世傳我會聽鳥語。
烏鴉約我南山獐，我吃肉來牠吃腸。
我把肉吃忘留腸，烏鴉誣我打殺人，
無辜遭受牢獄災。老師信我誇讚我，
將女嫁與我為妻。

「益者三友」與「三人行，必有我師焉」兩段古文共同衍生出一個成語：

## 良師益友

良，使人得到教益；益，正面影響。指使人得到教益和幫助的好老師與好朋友，也指對自己有重要影響、亦師亦友的好朋友。

**小啟示**

孔子說：「有益的朋友有三種，有害的朋友有三種：跟正直的人交朋友，跟誠實的人交朋友，跟博學的人交朋友，就有益處；跟擅長邪僻的人交朋友，跟擅於討好的人交朋友，跟花言巧語的人交朋友，就有害處。」

孔子認為，與人打交道，既要保持自己恭謹謙遜的品行，還要擦亮眼睛，選擇值得交往的人做朋友。我們今天交友、擇友也應當如此。

 **孫臏**
山重水複疑無路，柳暗花明又一村！齊國貴族田忌不嫌我殘疾之身，收為門客，感動！

2 分鐘前

> ♥ **田忌、孫臏、孔子**
>
> 田忌：先生才幹卓著，助我賽馬贏齊威王，又妙用圍魏救趙戰術兩勝魏國，奠定齊國霸主地位，合該受到重用。您不是我門客，是我知交！
> 回覆：人生得一知己足矣！
> 孔子：相互助力，相互成就，這才是人生真正的益友啊！
> 回覆：😀😀😀
> 龐涓：最狠就是你！我都沒忍心殺你，你竟然一次俘虜我，一次設伏逼我自盡！良心呢？同窗共讀的情誼呢？
> 回覆：良心？呵呵，你挖我膝蓋骨的時候，一起挖走了！

 **孫臏**
阿龐，你好狠⋯⋯

一年前

> ♥ **龐涓**
>
> 龐涓：生我龐涓，何必生你孫臏！現在挖了你的膝蓋，在你臉上刺上字，看你這輩子還能出頭嗎！和我比？門也沒有！👎
> 回覆：枉我拿你當真朋友、好兄弟！
> 孔子：您這位朋友，擅長走邪門歪道又花言巧語能騙人，怎麼不早早地遠離他啊？
> 回覆：只怪當時太年輕！😊
> 齊國使者：孫先生一看就不是一般人，走，帶你去齊國！

 **孫臏**
阿龐在魏國當了大官，喊我同去享富貴。真朋友，夠意思！👍

兩年前

> ♥ **龐涓、孫臏、孔子**
>
> 龐涓：老同學快來，好酒好菜已上桌，趕明就去見魏王。
> 回覆：沒問題！

第四篇

勤儉

# 靜以修身，儉以養德

夫君子<sup>①</sup>之行，靜以修身，儉以養德。非澹泊<sup>②</sup>無以明志，非寧靜無以致遠。夫學須靜也，才須學也，非學無以廣才，非志無以成學。淫慢<sup>③</sup>則不能勵精，險躁<sup>④</sup>則不能治性<sup>⑤</sup>。年與時馳，意與日去，遂成枯落<sup>⑥</sup>，多不接世，悲守窮廬，將復何及！

—— 三國．諸葛亮《誡子書》

## 典籍

《誡子書》——三國時期蜀漢丞相諸葛亮臨終時寫給兒子諸葛瞻的家書。文章闡述修身養性、治學做人的深刻道理，也可以看作是諸葛亮對自己一生的總結，後來成為修身立志的名篇。

## 注釋

① 君子：品德高尚的人。
② 澹泊：也寫作「淡泊」，內心恬淡，清心寡慾。澹，粵 daam6(淡)；普 dàn。
③ 淫慢：縱慾放蕩、消極怠慢。
④ 險躁：冒進急躁。
⑤ 治性：修養性情。
⑥ 枯落：枯枝和落葉，比喻像枯葉一樣凋零，形容韶華飛逝。

### 諸葛瞻

複姓諸葛單名瞻，三國時期蜀漢臣。
父親丞相諸葛亮，岳父後主劉阿斗。
卅四官拜衞將軍，位高權重憂國事。
率軍出戰魏國兵，綿竹一戰身殉國，
與子同列雙忠祠。

我是⋯⋯被誡的那個兒子。

**這段古文衍生了兩個成語：**

## 淡泊明志

只有看淡名利，清心寡慾，才能使志趣高潔。

## 寧靜致遠

只有心境平和，專心致志，才能有所作為。

### 小啟示

　　君子的行為操守，以寧靜修煉自身涵養，用節儉培養自身品德。不清心寡慾無法明確崇高志向，不排除干擾無法實現遠大目標。學習必須靜心專一，才幹來源於學習，不學習就不會增長才學，沒志向就不會學有所成。縱慾放蕩、懈怠懶惰就不能勵精圖治，冒進急躁就不能修養性情。年華隨時光飛馳，意志隨歲月消磨。最終像枯枝落葉般凋零，對社會沒有貢獻，只能悲傷地守在破屋內，那時悔恨又怎麼來得及呢？做父母的，沒有不希望自己的子女能夠平安幸福的。

　　諸葛亮這封家書體現出他對兒子的舐犢之情，告誡兒子要修養心性，砥礪德行，希望自己的兒子志趣高潔，有所作為。這些也是我們今天的年輕人修養自己的方向。

### 延伸學習：三公是哪三公

　　三公是古代朝廷中最尊貴的三個官職，一般指太師、太保、太傅。皇帝通常給最寵信的高級官員加以三公職銜，名號顯赫卻無實際職權。

陶淵明：採菊東籬下，悠然見南山，今日有客到，奉上茶一盞。

諸葛瞻：陶先生，您這盞菊花茶清香明澈，就像您這個人一樣，簡樸又高潔。可歎我身為駙馬，一生案牘勞形、戎馬倥傯，沒福氣過您這樣的隱居生活，更別提保持淡泊和寧靜了。

陶淵明：諸葛將軍，淡泊與寧靜可不限於隱居啊！您瞧，令尊諸葛孔明身在亂世，歷經磨折，卻始終心境恬淡，專注興復漢室這一目標，堪稱寧靜致遠的典範！再看與我同時代的大清官吳隱之。廣州附近有一貪泉，官員路過都繞着走，生怕喝了它會起貪念。可吳隱之就任廣州刺史時，偏偏專門去飲貪泉水，用實際行動證明了貪墨與否全在個人心念，與水一點關係都沒有。

諸葛瞻：我明白啦！不管外界環境和個人際遇怎麼變化，只要保持內心專注寧靜，就能真正做到淡泊明志與寧靜致遠！

# 居安思危，戒奢以儉

　　臣聞求木之長<sup>①</sup>者，必固<sup>②</sup>其根本<sup>③</sup>；欲流之遠者，必浚<sup>④</sup>其泉源；思國之安者，必積其德義。源不深而望流之遠，根不固而求木之長，德不厚而思國之安，臣雖下愚<sup>⑤</sup>，知其不可，而況於明哲乎！人君當神器<sup>⑥</sup>之重，居域中<sup>⑦</sup>之大，不念居安思危，戒奢以儉，斯亦<sup>⑧</sup>伐根以求木茂，塞源而欲流長也。

—— 唐．魏徵《諫太宗十思疏》

## 典 籍

《諫太宗十思疏》——本篇選自唐朝名臣魏徵寫給唐太宗李世民的奏章，題目是編者加的。勸諫皇帝居安思危、善始慮終。行文簡潔，說理嚴謹，理足氣盛。

## 注 釋

① 長：生長。粵zoeng2（掌）；普zhǎng。
② 固：使……牢固。
③ 根本：根基和本源。本，樹根。
④ 浚：疏通，深挖。粵zeon3（進）；普jùn。
⑤ 下愚：地位低下見識淺薄的人。這裏是魏徵的謙辭。
⑥ 神器：指皇位。古代認為皇帝的權力是上天賜予的，因此稱皇位為「神器」。
⑦ 域中：天地之間。
⑧ 斯亦：這也是。

我是敢提意見的諍臣。

魏徵

姓魏名徵字玄成，隋唐時期鉅鹿人。
隋朝末年天下亂，跟隨李密歸李唐。
曾為建成門下客，玄武變後被赦免。
太宗即位受重用，一生諫言數十萬。
貞觀盛世有功勞，位列凌煙閣功臣。

## 大典故

這段古文衍生出一個成語：

### 戒奢以儉

奢，奢侈；儉，節儉。指用節儉的辦法去戒除奢侈。

要想樹木生長，必須穩固它的根幹；要想水流長遠，必須要疏浚它的源頭；謀求國家安定，必須要累積道德仁義。

倘若不思考安逸環境中會出現危難，不用節儉的辦法去戒除奢侈，這也是砍伐根幹卻追求樹木茂盛，堵塞水源卻想要水流深遠的錯誤想法啊。這萬萬要不得，必須從根本和源頭上解決問題。

## 小拓展：唐太宗和魏徵聊天記錄

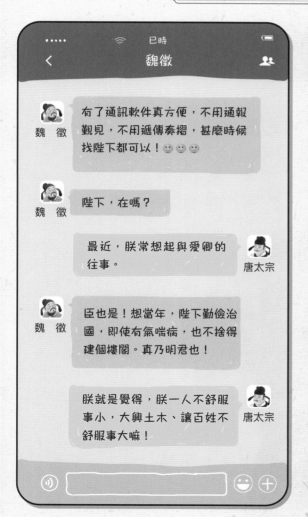

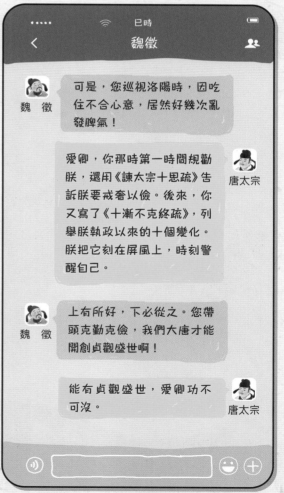

# 由儉入奢易，由奢入儉難

**原文**

　　公①歎曰：「吾今日之俸②，雖舉家錦衣玉食，何患不能？顧人之常情，由儉入奢易，由奢入儉難。吾今日之俸豈能常有？身豈能常存？一旦異於今日，家人習奢已久，不能頓儉，必致失所③。豈若吾居位、去位、身存、身亡，常如一日乎？」嗚呼！大賢之深謀遠慮，豈庸人所及哉！

　　　　　　　　　　—— 宋·司馬光《訓儉示康》

**典籍**

《訓儉示康》——北宋史學家司馬光所寫的散文作品。是司馬光寫給其子司馬康，教導他應該崇尚節儉的一篇家訓。

**注釋**

① 公：指宰相張文節。
② 俸：俸祿，古代官員的工資。
③ 失所：飢寒無依靠。

我是司馬光的兒子。

## 大人物

**司馬康**

複姓司馬單名康，公休為字陝州人。本為司馬旦之子，過繼叔父為親子。明經上第覽羣書，曾為《通鑑》校文字。為人廉潔不言財，父死居廬蔬為食。仕途平順命不長，剛過四十即病逝。

## 大典故

這段古文衍生出一句膾炙人口的名言：

# 由儉入奢易，由奢入儉難

由節儉進入奢侈容易，由奢侈進入節儉困難。

## 小啟示

　　人們通常的習慣，由節儉進入奢侈容易，由奢侈進入節儉困難。我現在的俸祿怎能長期享有？我的健康和地位怎能長期保持？如果有一天家中境況與現在不同，家裏人習慣奢侈生活時間長了，不能立即節儉起來，必定導致貧寒無依。賢德的人應當深謀遠慮，哪裏是平庸的人所能比得上的啊！奢侈一旦成為習慣，要想糾正很難，我們應當崇尚節儉的美德，踐行節儉的行為。

　　科舉制度是古代封建王朝通過考試選拔官吏的制度，因採用分科取士的方法，所以被稱為「科舉」。司馬康參加的明經科，就是科舉考察的科目之一。

　　明經科起源於漢武帝時期。宋朝明經科主要考察大經（《禮記》《春秋左傳》）、中經（《詩經》《周禮》《儀禮》）、小經（《易經》《尚書》《春秋公羊傳》《春秋穀梁傳》）等經義，以及對經義內容應用的熟練程度。明經科出身與考詩賦、策論的進士科出身相同。宋神宗熙寧四年（1071年），明經科被朝廷廢止，此後直至清末，科舉中不再設明經科。

### 小拓展：司馬光會王安石

司馬康：時光倏忽已近千年，當年人事俱消散。我爹司馬光曾與宰相王安石為變法的事互不理睬。如今歲月靜好，二位老人家終於可以坐下聊聊天啦！挖幾棵野菜，給他們下酒！

王安石：君實兄，千年不見，您還是清儉如故，招待老友不過一盤野菜、幾杯淡酒。

司馬光：在介甫面前擺大魚大肉，不是自取其辱嗎？想當年您做宰相時，您兒媳家親戚，姓蕭的那個小伙子到您家做客，您也只是上了兩塊胡餅、四塊肉。

王安石：這在我家已是大餐了！小蕭這孩子，胡餅只吃中間軟和的那部分，餅邊統統扔掉，忒浪費！於是乎，我老人家就把他剩的餅邊吃了。

司馬光：您位高權重卻如此節儉，佩服！

王安石：說到節儉，君實兄才是當世無雙。您編修《資治通鑒》時，住處簡陋至極，只好挖出一間地下室讀書，被洛陽人戲稱為「司馬入地」。尊夫人去世，您典當了三頃地才湊足錢辦妥喪事。當了一輩子官，清廉儉樸到這個程度，太不容易了！

# 一粥一飯，當思來處不易

原文

一粥一飯，當思來處不易；半絲半縷[①]，恆[②]念物力[③]維艱[④]。

宜未雨而綢繆[⑤]，毋臨渴而掘井。自奉必須簡約，宴客切勿流連[⑥]。

器具質而潔，瓦缶[⑦]勝金玉；飲食約而精，園蔬愈[⑧]珍饈[⑨]。

—— 清·朱用純《朱子家訓》

## 典籍

《朱子家訓》—— 又名《治家格言》，是一篇家教名著，闡明了修身治家之道。其中，許多內容繼承了中國傳統文化的優秀特點，比如尊敬師長，勤儉持家，鄰里和睦等，為歷代儒家學者尊崇，在今天仍然有現實意義。

## 注釋

① 縷：麻線或絲線。

② 恆：經常。

③ 物力：物資財力。

④ 維艱：非常困難。

⑤ 綢繆：纏繞，文中指修葺、修補。

⑥ 流連：留戀，捨不得。

⑦ 瓦缶：瓦器。

⑧ 愈：超過，勝過。

⑨ 珍饈：珍稀的食物。

我是寫家訓的朱子。

## 大 人 物

**朱用純**

雙字致一號柏廬，明末清初江蘇人。
隱居鄉里研學問，深入淺出授理學。
朝廷延請拒出仕，知行並進嚴律己，
被列「吳中三高士」。

## 大 典 故

**這段古文借用了兩個成語：**

### 未雨綢繆

趁着天沒下雨，先修繕房屋門窗。指提前做好準備，預防意外事件發生。

### 臨渴掘井

到口渴的時候才去挖井。比喻平時不準備，事到臨頭才去想辦法。

## 小啟示

　　一碗粥，一碗飯，應當思索它們來得不容易；半條絲，半條縷，常常感念得到它們不容易。

　　應該趁着天沒下雨時就把門、窗破損的地方修補好，不要等到口渴了才想起來去挖水井。對自己日常飲食用度必須勤儉節約，宴請賓客不要留戀不捨。器具質樸潔淨就好，瓦缶器皿勝過金銀玉器；飲食簡約精細就好，田園蔬菜勝過珍饈佳餚。老百姓過日子要以節儉為先，不要和人家攀比，更不要養成奢侈浪費的壞習慣。

　　勤儉始終是古人家訓中諄諄叮囑的重中之重，來看看還有哪些人的家訓中提到了勤儉吧！

　　勤儉為本，自必豐亨。——後唐·吳越王錢鏐《錢氏家訓》

　　家儉則興，人勤則健；能勤能儉，永不貧賤。——清·曾國藩《曾國藩家訓》

　　儉則約，約則百善俱興；奢則肆，肆則百惡俱縱。——清·左宗棠《左宗棠家書》

　　儉者，省約為禮之謂也。——南北朝·顏之推《顏氏家訓》

**12:16** 5G　　**勤儉羣** (線上人數 4/20)　　100%

看當今華夏，人們的生活簡直賽過神仙！出門有車居有屋，冬暖夏涼真舒服，雞鴨魚肉白米麵，四季供應不短缺。
朱用純

蘇軾
前幾天我回了趟杭州，蘇公堤、三潭印月一如當年，可我去酒館時……唉！

蘇公何故長歎？難道西湖醋魚不好吃了？
朱用純

蘇軾
不不，醋魚風味更勝當年，讓我感慨的，乃是鄰桌二位食客。鄰桌擺有四菜一湯，盤中尚餘雞、肉、魚、菜，碗中堆有白米飯，食客卻就此離席而去。我這心口啊，可太堵了！

朱元璋
竟如此浪費？朕出身寒苦，深知百姓耕田織布不易。後來朕當了皇帝，宴請文武百官通常只用四菜一湯。

季文子
太不應該了！我身為魯國上卿，位高權重，衣物僅夠穿，食物只飽腹。畢竟，國家強盛主要看國民品行與道德，而不看誰家奢侈享樂能揮霍。

# 儉而不吝

原文

儉者，省約為禮之謂也；吝者，窮急不恤之謂也。今有施[①]則奢，儉則吝；如能施而不奢，儉而不吝，可矣。

—— 南北朝 · 顏之推《顏氏家訓 · 治家》

**典籍**

《**顏氏家訓**》——南北朝文學家顏之推撰寫的記載個人思想、人生感悟、告誡子孫的著作，是中國歷史上第一部內容豐富、體系宏大的家訓。強調父慈子孝、兄友弟恭等倫理道德規範。為研究魏晉南北朝時期社會思潮的重要著作之一。

**注 釋**

① 施：給予恩惠，施捨。

我是寫《顏氏家訓》的人。

**顏之推**

姓顏字介名之推，南北朝時琅邪人。
生在江陵少有才，博覽羣書文辭茂。
歷經四朝皆出仕，蕭梁北齊北周隋。
著述豐厚倡實學，後世推我《家訓》祖。

**這段古文蘊含着中華傳統美德：**

# 施而不奢，儉而不吝

施，施捨，樂善好施；奢，奢侈，浪費；儉，節儉；吝，吝嗇，小氣。肯施捨而不奢侈，能節儉而不浪費。

## 小啟示

　　節儉，指的是合乎禮法常情的節省；吝嗇，指的是面對窘迫危急也不給予救濟。如今能施捨救濟的卻又奢侈浪費，能勤儉節約的卻又小氣吝嗇；如果有施捨能力的不奢侈，有節儉習慣的不吝嗇，那就可以了。

　　不能因為勤儉節約而變得小氣吝嗇，節儉又樂善好施，才是完善圓滿的儉樸美德。

## 小拓展：儉而不吝辯論賽

**儉而不吝辯論賽**

**評　委：**
顏之推

**正方選手：**
范仲淹

**反方選手：**
王戎

顏之推

**正方觀點：要節儉，更要大方。**

范仲淹

范仲淹：我官職不低住破屋，俸祿不少吃素食，散盡家財周濟窮
人。瞧，我興辦的蘇州府學聞名天下，帶動蘇州地區
文教大興，值！退休後，幾個學生要給我買園林大宅，
被我拒絕了。人嘛，就要節儉自持，錢要用到刀刃上！
這不，我在家鄉買了一千多畝好地捐給范氏家族，成立
「范氏義莊」，用來救濟貧苦族人。

顏之推：范氏義莊代代相傳，助人無數。范文正公身體力行，先
天下之憂而憂，堪稱儉而不吝的典範。十分！


**反方觀點：要節儉，不能大方。**

王　戎：我是節儉持家小能手，最喜歡的事就是每天晚
上，和我太太在蠟燭下擺弄計算用的籌碼，算算
我又掙了多少錢。有一年，我姪子結婚，我送給
他一件單衣。哎呦，把我心疼得喲，最後還是把
這件衣服要了回來。別說姪子了，我親女兒借我
的錢，也必須一文不少如數歸還！節儉又大方？
怎麼可能！我要大方了，哪裏來的萬貫家財？怎
能享受數錢之樂？對了，顏大人，參加辯論賽不
要錢吧？

王　戎

顏之推：😞 不要錢，王大人放心……儉而吝，看在您識見
過人又孝順的份上，六分！

顏之推：我宣佈，正方勝！

# 君子以儉德辟難，不可榮以祿

象①曰：天地不交②，否③，君子以儉④德辟⑤難，不可榮⑥以祿⑦。

——《周易·否卦》

《周易》——儒家重要經典之一。內容包括《經》《傳》兩部分，《經》主要作為占卦之用，《傳》是對《經》的解說。古人通過《周易》中記錄的八卦，推測自然和社會變化。

**注 釋**

① 象：《象傳》，古代用來解釋卦象、卦義的書。

② 天地不交：古人認為，天在上，地在下，這句話指天與地之間閉塞不通。

③ 否：否卦。與泰卦相對，指事物不可能永遠和泰暢達。粵pei2（鄙）；普pǐ。

④ 儉：約束，收斂。

⑤ 辟：通「避」，避免，防止。

⑥ 榮：誘惑。

⑦ 祿：古代官吏的俸給，此處指官職。

我《易經》學得好，當了官。

大 人 物

**周霸**

姓周名霸西漢人，西漢時期儒學家。拜師名士申培公，武帝時期以《易》仕。

我也是《易經》學得好，當了官。

**主父偃**

複姓主父單名偃，西漢時期臨菑人。出身貧寒精學《易》，也學《春秋》與百家。直接上書漢武帝，武帝召見得重用。擅揭隱私遭人忌，逼死齊王遭族滅。

**小啟示**

　　《象傳》說：天地陰陽不相交合，象徵着閉塞黑暗。此時君子應韜光養晦，收斂約束自己以避免災難降臨，不可以被榮華富貴誘惑。

　　古代先哲認為，事物發展到一定程度，必然遵循否極泰來的規律，向相反方向發展。

與經典同遊：誠信與禮儀

特約嘉賓：
劉　備

主持人：
周文王

周文王：玄德公早年以織草蓆、賣草鞋為生，後來卻逐鹿天下終成蜀漢霸業，堪稱逆
　　　　襲的典範。請您談談奮鬥翻身、逆天改命的寶貴經驗。

劉　備：唔，勇猛善戰不懼死，禮賢下士佈仁德，這些老生常談今天就不提了，我來
　　　　跟大家分享一段儉德辟難的經歷。

周文王：儉德辟難，這是我《易經》中的觀點嘛！

劉　備：您這觀點太實用啦！當年曹操白門樓勒死呂布後，我和二弟關羽、三弟張飛
　　　　隨曹操來到許昌。我心裏清楚，曹操帶我回許昌，是想在家門口看住我，怕
　　　　我跟他爭奪天下。於是，我天天在菜園子忙活，兩耳不聞身外事，一心只種
　　　　小蔬菜。

周文王：當時正逢亂世，諸侯割據四方，曹公挾天子居住在許昌，勢力龐大。玄德公
　　　　日日勤儉勞作，是韜光養晦避免禍端啊！

劉　備：正是！可曹操還不放心，有一天，他邀請我去喝酒，竟然說天下英雄只有我
　　　　和他而已！把我嚇得喲！幸好天降驚雷，我趕緊假裝被雷嚇得筷子都掉了，
　　　　這才讓他真正消除疑心，認為我是個怕打雷的膽小鬼，放鬆了對我的戒備。

周文王：後來，玄德公藉攔截袁術的機會離開許昌，此後實力日大，終於成為蜀漢的
　　　　開國之主。

劉　備：回想起來也挺害怕，我那時候要因天子尊稱我為「皇叔」就驕傲自大，享受富
　　　　貴鋒芒畢露，恐怕早被曹操宰了！